艾荷瑪，愛刺繡

森林、花草、小動物相伴的可愛生活

艾荷瑪◎著

自序

享受一針一線所帶來的慢時光

最初，我在工作間隙的寶貴時光裡，嘗試著將隨手繪製的插圖，妙手巧心地轉化為精美的刺繡作品。

儘管初試的成品顯得生澀，然而，這個過程賦予了我極大的成就感，刺繡作品觸感柔軟、充滿溫情，迥異於冷硬的紙張或電子平板。從此，我展開了一段充滿激情的創作旅程，不分晝夜，不斷進行藝術創作。

刺繡，是一門簡單而有趣的藝術，只要手握針線，即可運用基本的刺繡技巧，創作出美麗的作品，不同的繡法和技巧組合，帶來不同的質感和風采。

這本書獻給所有熱愛手作的你，無論你是初入門，還是已經熟練多年的繡工。希望大家能夠共同享受每一根針線所帶來的慢節奏時光，並在其中找到屬於自己的藝術靈感。

Homa 艾荷瑪

 ihoma_embroidery 　 Love Homa手作誌 　 Homa0217

喜歡和美有關的事物，希望透過教學能讓更多人了解刺繡的樂趣。

Contents

Homa Space
創作時光

★附錄紙型

Botanical life
植感生活

這是
我經過人行道時記錄下的風景。
當時正值春夏交際，
輕柔的陽光照在植物上，
讓平平無奇的葉子變的清透薄亮。

靈感來自生活，或是旅行途中遇見的事物。我時常帶著相機將這些事物與回憶記錄下來，缺乏想法時就會翻開相簿，一遍遍翻著。

鮮花髮飾

學了刺繡和縫紉後，終於可以製作喜歡的髮飾。

金合歡的花語是：稍縱即逝的快樂，珍惜當下的美好時光。
覆盆子的花語：拋開束縛，勇敢追求愛的美好關係。

將喜歡的花畫在布料上後繡出，再作成蝴蝶結，
不論是自用，或是送禮，都相當合適。

How to make・P.64至P.65　　原寸圖案・A面、B面

蕨類眼罩

眼罩，
是我喜歡帶在身上的日常小物。
作法簡單，
不需花費太多心力，即可製作完成。

How to make・P.66至P.67　　原寸圖案・A面、B面

蕨類髮飾

蕨類出現的地方，總覺得有小精靈住在裡面。
它們的生命力旺盛，總在小角落待著。
雖然不起眼，
但美麗的姿態，可不會輸給盛開的花朵。

How to make・P.63　　原寸圖案・A面、B面

生態瓶

有時候，
我會盯著生態瓶許久，
看著它們在小小的世界生活，
不需太多關照，就能生長得很好。

製作生態瓶，需要一點耐心，
將不同種類的土鋪在瓶中，
再以鑷子小心的將花草放入，
是個與刺繡一樣，
需要耐心的一件事呢！

How to make・P.76　原寸圖案・B面

野花杯墊

回鄉下時，我總喜歡騎著單車在田野間閒晃，
看到野花野果就會順手摘回家，
編成小花圈，慢慢欣賞，
這件作品讓我回憶起那些美好的回憶。

How to make・P.70　　原寸圖案・A面、B面

花卉桌巾

將設計好的花草，佈滿整個布面，
簡單的圖案，讓作品素雅且別緻。

How to make・P.76　　　原寸圖案・B面

歐式領圍

在領圍上，
繡著喜歡的花草，
搭配各式洋裝，
都讓人喜歡。

How to make・P.68至P.69　　原寸圖案・A面、B面

細葉複耳葉蕨

2020
AUGUST **08**
立秋 **14**

蕨類植物・帽子改造

有一年夏天，
心血來潮翻出衣櫃中的漁夫帽，
想著試試將不要的物品繡上喜歡的圖案，
便設計了蕨類的樣式，
沒想到，成品讓人驚嘆，
戴起來太有夏日氛圍了！

How to make・P.77　　原寸圖案・A面

蕨類植物・襯衫改造

除了帽子，
我也將老舊的襯衫翻出來，
在胸口兩側繡上各式蕨類，
沾著污漬的地方，
特地以繡線遮了起來。
單調樸素的上衣，
成了獨一無二的作品，
現在，
它是我衣櫃中最喜歡的單品之一。

How to make・P.77　　原寸圖案・A面

春神的花圈

春天來了，花園的鮮花也綻放了。
不同種類的花朵，
以各自的樣子在風中搖曳著。
蝴蝶也來了，花園裡，熱鬧非凡！

How to make・P.78　　原寸圖案・B面

26

Pets Forest
動物小森

小動物,是我生活中最重要的事物之一,
和牠們互動能帶來滿滿的幸福感。
看著牠們長大很幸福,
但每次想到牠們會比我們早離開世界時,
又會非常捨不得。
創作時常以牠們為主角,
需要觀察繡線走向時,
我會將牠們抱到腿上,仔細的看著。

我的生活步調很慢,走路也很慢。時常有人說我動作慢得像樹懶,但我很享受在其中,也許是這樣,才特別喜歡刺繡這種慢步調的藝術創作。

傲嬌的小狗

家中養了三隻貓，兩隻狗，性格都不相同。
有的活潑好動，有的文靜乖巧，
不管是什麼時候，都能在寵物身上得到滿滿的愛與溫暖，
而家人們也盡可能的回報牠們，
將牠們捧在手心中，好好疼愛。

How to make · P.78　　原寸圖案 · B面

我是查理！

小狗查理與向日葵

查理是照著我家小狗的模樣繡出來的。
牠性格活潑，
見到人總是熱情的撲上去。
牠就像盛開的向日葵，散發著讓人喜愛的氛圍。

How to make・P.78　　原寸圖案・A面

捧著花束的動物們

我常常幻想小動物們穿上服飾在森林中遊走，
便在速寫本畫了一隻穿著洋裝的小兔子。
後來覺得太孤單，便加上了兩位夥伴，
身穿洋裝，手捧鮮花的樣子，好像在等著誰，讓牠們送上祝福。
為了不讓畫面太過雜亂，
我特別減少色彩，讓整體保持舒適、簡單。

How to make・P.79　　原寸圖案・A面

心花怒放的貓狗

看到小動物們滿足的模樣，我都會覺得幸福。
試著將牠們心花怒放的樣子描繪出來，
製作成別針，不管去哪裡，都能帶著。

How to make · P.71　　原寸圖案 · A面

森林裡的睡衣派對

某日午後，我和朋友的女兒一起看動物頻道，
看到森林裡的動物因地盤起衝突時，
她淚眼汪汪地問我：牠們會不會永遠不和好了？
我苦笑著說：不會喔，搞不好牠們晚上還會舉辦睡衣派對！
到家後，便繡了這組可愛的別針送給她，讓她能別在書包上。

How to make・P.71　　原寸圖案・A面

小鳥胸針

這枚胸針,是送給媽媽的生日禮物,
除了別緻的圖樣,還繡上了幾顆珍珠做點綴,
戴上時,能為樸素的服飾,增添一點溫柔的氣息。

How to make・P.71　　原寸圖案・A面

貓咪口金包

每種貓咪都有著不同的氣質。
賓士貓調皮可愛，黑貓神秘優雅，白貓則帶點溫柔。
設計這款口金包時，根據不同的毛色，選擇底布，
一開始擔心成品會不會太小，
沒想到拿在手上的尺寸剛剛好，是很實用的口金包。

How to make・P.72　　原寸圖案・A面

海洋生物帆布袋

不久前,去蘭嶼找正在打工換宿的弟弟。
旅遊期間,為島上豐富的海洋生態深深著迷,
到家後便繡出了這件作品。
拿著自製的帆布袋到超市購物,
也能減少塑膠袋帶來的垃圾污染。

How to make・P.74- P.75　　　原寸圖案・A面、B面

雪地裡的企鵝

圓滾滾的企鵝，有著療癒的氛圍。
在繡這件作品時，總會嘴角上揚，
覺得好像畫得太呆萌了，
為了讓畫面更加有趣，還在頭頂上多加了蘋果。

How to make・P.79　　原寸圖案・A面

冬眠的小熊

我喜歡,
描繪小動物們睡著的樣子。
一開始只打算繡隻小熊,
後來怕牠太孤單,
又加了一隻浣熊上去,
搭配落下的樹葉與橡實,
使這件作品多了些氛圍感。

How to make・P.79　　原寸圖案・A面

Homa Space
創作時光

靈感來自生活，或是旅行途中遇見的事物。
隨身帶著相機能讓我記錄日常，也能去觀察周遭的小事情。
如果環境中沒有太多美的事物，就只能慢慢去發掘。
去旅遊，去咖啡廳坐坐，逛展覽，
到花市繞繞等都是很好的方法。

外婆的菜園

外婆的菜園，是她最寶貝的地方，她會在裡頭待上整天，用有機的方式種植。回外婆家時，她都會吆喝我到菜園中，欣賞她種植的蔬果，就像一場成果發表會。等我們玩耍完後，她會給我一把小刀，一起將熟成的蔬果摘下山。

外婆種植的蔬果從不噴農藥，這也是她最自豪的地方。她需要徒手抓菜葉上的毛毛蟲，花的精力非常多，能夠吃到她的蔬果是非常幸福的事。

新鮮採摘的小番茄，在太陽的照射下，像紅寶石一樣發光著。當時我捧著小碗看了好久，覺得它們好美。深淺不一，各有特色。訓練自己，再微小的事物，都能好好的欣賞，就能讓靈感不經意的跑出來。

重要的事物

小動物是我生活中最重要的事物之一，和牠們互動能帶來滿滿的幸福感。泡芙是我收養的第一隻小狗，剛撿到時骨瘦如柴，非常膽小。養了幾年後，不管是身形還是個性都出現了大翻轉。肉肉的牠現在很常被誤認為是綿羊，走到哪都很受歡迎。到橘子園遊玩時，泡芙跑到樹下休息，亮澄澄的果實在牠頭上，像極了一盞盞小太陽，這時的牠看起來很幸福，便隨手記錄下來，日後創作上也能翻出照片參考。

路邊可愛的小貓。當時在欣賞咖啡廳的花園，腳下突然一道白影一閃而過，後來在花盆底下找到牠的身影，看來是在乘涼啊！

生活與靈感

每天，我都迫不及待地開始花卉冒險，探索各種花朵和植物。書架上堆滿了各式花卉書籍，是知識的寶庫，帶來無盡靈感。遇到特別的植物，用相機捕捉，留下美麗瞬間。這些照片是靈感來源，每朵花、每片葉是可線針繡的畫面。拿著針線，將花朵逐漸呈現在布料上，將大自然奇蹟融入創作。搜集花卉書籍、照片紀錄已成生活一部分。豐富創作靈感，珍惜自然美。進入創作，感受花卉生命在指尖綻放，感覺美好陶醉。

時常有人說我動作慢的像樹懶，但我很享受在其中，也許是這樣，才特別喜歡刺繡這種慢步調的藝術創作。

對新作品缺乏想法時，我會換個環境坐坐。那天下午進入咖啡館，看著桌上的鮮花發呆的一下午，它們優雅的姿態讓我內心逐漸平靜。這時，我不會逼自己創作，先清除掉昏亂的思緒，才能裝新的想法進來。

愛上刺繡後，也試著將這項藝術活動推廣給更多人知道，很享受和每位同學交流的感覺，當大家開心的完成作品時，我也會很有成就感。

本書使用方法

在繡線的號數是以 # 標示，

本書使用繡線皆以DMC25號繡線為主，

（　　）內為DMC繡線號數，

標示在繡法前面的數字為DMC繡線色號，

如未特別標示，

皆以 25 號繡線兩股為主要創作股數 。

創作時的小提醒

布料在使用時
需比作品完成後的實際尺寸還要大，
這樣完成後才能順利進行裁剪，
服飾進行改造時，
盡量選擇沒有彈性的衣物，
才不會在刺繡時拉扯損傷衣物，
帽子進行改造時，盡量選擇沒有內裡的，
如果有，建議先將內裡剪除，
才不會在刺繡時導致內裡與帽子錯位。
有畫框的作品皆請畫廊代裱，
內有詳細尺寸，
讀者們可依個人喜好調整，
或作成帆布包等物品。

準 備 工 具

在布的選擇上，推薦質密較鬆，厚度適中的棉麻布，刺繡時，才不會因為質密太緊而過度拉扯，也不會因為太薄而起皺褶。

棉麻布

繡框

繡框的功用是將布撐開，刺繡時才會平整漂亮。尺寸具有3吋、4吋、5吋、6吋、7吋、8吋、10吋、12吋、13吋、14吋等，因應需求選擇。

防滑指套

防滑指套在刺繡時更好出入針。有時因為繡線交疊，在繡作品時，針線需要非常用力才拔的出來，有了防滑指套，可以增加摩擦，出入針輕鬆許多。

水消筆　熱消筆

可在布面上構圖及作記號，水消筆遇水會消失，熱消筆遇熱後會消除。方便在刺繡後不會留下痕跡。

繡線

DMC、Olympus是我常用的繡線，顏色齊全，容易取得。
繡線通常是由六股細線合成，創作時，我會再將它分成一股至六股，可依照自己想要的風格變化。

刺繡時，常常需要修邊或是裁布，可準備一把大剪刀、一把小剪刀，以大剪刀裁布，小的裁刀可以用來修飾作品周圍，例如別針、小提袋等，在拆線時，也很好用，不易傷到作品。

剪刀　裁縫小刀

刺繡針

相比一般的針，繡針的針頭會比較大，較好穿線，也有許多號數，可以穿過不同的股數，號數越高，針眼越小。

圖案複寫

在布面放上布藝複寫紙，接著放描圖紙，
最後以珠針將其固定，
使用鐵筆或是斷水的原子筆複寫。改造衣服、帽子等物品時，
我會將複寫紙等紙張裁小，使紙張更貼合，在複寫時更加方便。

**布藝
複寫紙**

描圖紙

繡布

繡框

1 完成作品後，先將布修整到適量大小。

2 將上方螺絲鎖緊，翻到背面後，將布料修剪掉。

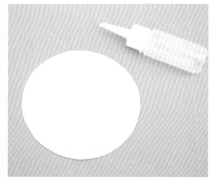

3 先將繡框放到不織布後，沿著內圈畫一個圓後剪下，並在不織布上沾上膠水。

4 繡框翻面後將不織布黏上。

5 完成。

﹡ 基 礎 針 法 ﹡
Homa Stitch

製作本書作品時，請參考基礎針法應用，亦可依個人喜好及搭配圖案。

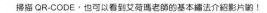

針法

掃描 QR-CODE，也可以看到艾荷瑪老師的基本繡法介紹影片喲！

回針縫

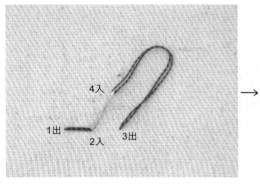 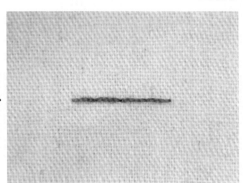

繡完第一段，往後的每針都在前面的尾部入針。

藏針縫

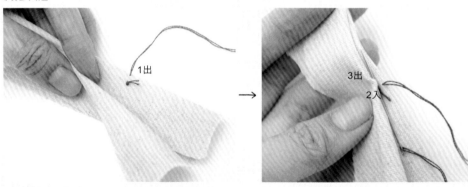

1 將布面稍稍往內摺，在布的內側出針。　　2 在另1片布面上出針、入針。

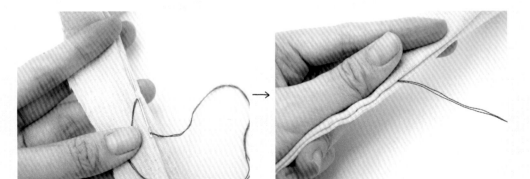

3 2片布交錯步驟。　　4 拉緊後即完成。
　　　　　　　　　　注意：實際製作時，繡線與布料需選用相同顏色。

基礎針法
Homa Stitch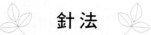

針法

結粒繡

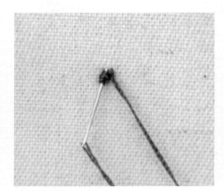
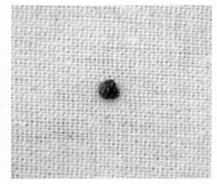

1 一手拿針，一手繞線，並將線繞緊。

2 在出針處旁入針。

3 完成。

蛛網玫瑰繡

1 以中心點向外繡出。

2 中心點旁出針，一上一下向外繞圓。

3 重複動作，一直到玫瑰成型。

長短針繡

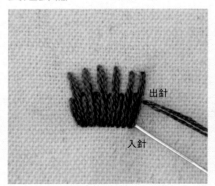
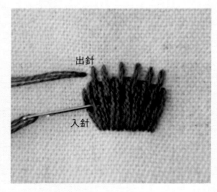

1 一長一短交錯排列。

2 第二層長短交換延續下去。

3 完成。

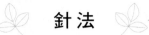

針法

雛菊繡

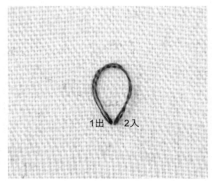

1 先繞1個小圈。

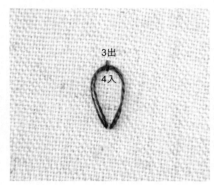

2 在小圈的上方出針,入針處在圈內。

鎖鍊繡

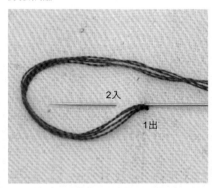

1 依圖示位置出入針

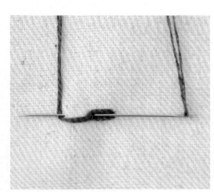

2 不斷延續上一個針法。

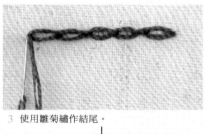

3 使用雛菊繡作結尾。

4 完成。

葉子繡

1 先將葉子平均切割。

2 依照切割的形狀慢慢填滿。

3 完成。

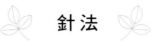
針法

輪廓繡

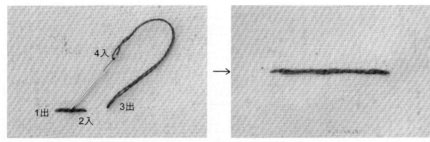

繡完第一針後，往後的每一針都在前一針的中間入針。

緞面繡

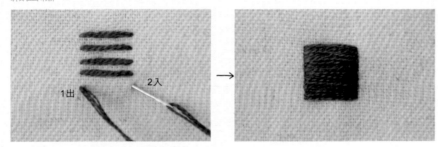

將形狀平均分割，按照分好的比例填滿後完成。

絨毛繡

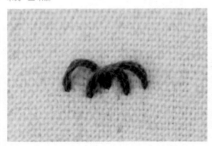  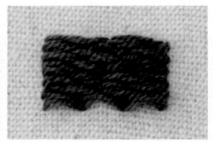

1 前後交錯排列。　　　　　2 延伸下去，直到面積填滿後完成　　　3 完成。

圖扇型緞面繡

1 將形狀平均分割。　　　　2 按照分好的比例越縫越密。　　　3 完成。

蕨類髮飾

◟ 作品頁數‧P.12　　✄ 原寸圖案‧A面、B面

準備材料	線材／DMC 繡線 # 25（320、164、937、834、3822、3854）
	布材／淺綠色或黑色棉麻布料
	其它／20cm 彈性帶、大頭針

1

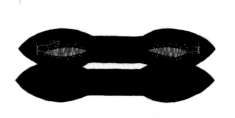

完成刺繡後，依照紙型裁剪布片。

2

製作綁帶：將布片正面相對縫合，並留 5cm 返口。

3

從返口將綁帶翻到正面。

4

以藏針縫將返口縫合，完成綁帶。

5

製作大腸圈：將 36cmx8cm 的布片對摺，留 1cm 縫份縫合，完成後，將布料翻過來，燙平。

6

準備一條 20cm 的彈性帶，置入後，先將彈性帶重疊縫合，可以珠針固定，較不容易移位。

7

完成後，將大腸圈的外側以藏針縫接合。

8

再將步驟 4 完成的綁帶置入大腸圈後，打結。

9

完成。

鮮花髮飾

☑ 作品頁數 · P.8　　✄ 原寸圖案 · A面、B面

■ 蝴蝶結髮飾（莓果）

線材／ DMC 繡線 # 25（B5200、3012、307、3822、307、349）
布材／ 黑色棉麻布料
其它／ 20cm 彈性帶、大頭針

■ 蝴蝶結髮飾（合歡花）

線材／ DMC 繡線 # 25（3817、3078、726）
布材／ 白色棉麻布料
其它／ 20cm 彈性帶、大頭針

準備材料

How to make

1

依照紙型裁剪需要的布料。

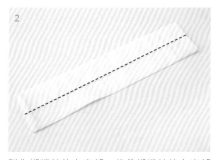

2

製作蝴蝶結的上半部：裁剪蝴蝶結的上半部布片 34cm×18cm，將布對摺，預留 1cm 的縫份，縫合側面，並翻過來，再將縫線置中燙平。

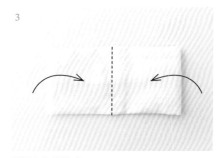

3

兩側向內摺縫合。

4

製作蝴蝶結的下半部：完成刺繡後，依紙型裁剪蝴蝶結的下半部布片。

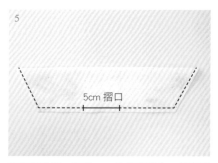

5

5cm 摺口

將布料對摺，沿著 1cm 的縫份縫合，並預留 5cm 的返口。

6-1

從返口將正面翻過來，再以藏針縫縫合。

6-2

完成的樣子。

7

裁剪 10cm×10cm 布片，向內摺 1cm。

8

如圖將布摺三褶。

9

以藏針縫將側面縫合。

10

參考 P.63 蕨類髮飾製作大腸圈。

11

將四樣部件完成後，組合。

12

將步驟 8 完成的小布條，圈在步驟 9 的大腸圈上。

13

如圖縫合。

14

將步驟 6 製作完成的布置入調整即完成。

蕨類眼罩

☑ 作品頁數・P.10　　✂ 原寸圖案・A面、B面

線材／ DMC 繡線 # 25（368、834、987）
布材／ 淺綠色或黑色棉麻布料
其它／ 彈性帶（依個人頭圍為主）、大頭針、布襯

1

完成刺繡後，依照紙型裁剪布片及布襯 1 片。
（布襯不含縫份）

2

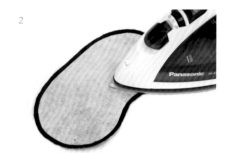

將表布及布襯燙合。

3

2cm

5cm

2cm

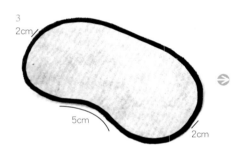

將表布及底部縫合，左右兩側預留 2cm 放彈
性帶，下緣留 5cm 返口。

4

從返口將眼罩正面翻出。

以藏針縫將返口縫合。

6

翻到正面的樣子。

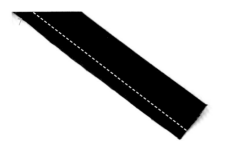

7

依紙型裁剪布片，對摺後預留 1cm 縫份，將布料縫合。

8

將布條翻過來，可以較細的木棍輔助。

9

置入束線帶後調整，為了防止移位，頭尾以大頭針固定。

10

頭尾縫合固定，讓束線帶及布條結合在一起。

11

將束線帶置入左右兩側預留的洞口縫合。

12

作品即完成。

歐式領圍

☑ 作品頁數．P.20　　✂ 原寸圖案．A面、B面

準
備
材
料

線材／ DMC 繡線 # 25（黑色款：3012、B5200、224、3822、3012）
　　　　　　　　　　　　（紅色款：976、371、676、B5200）
布材／ 黑色或紅色棉麻布
其它／ 30cm 緞帶

How to make

1

完成刺繡後，依照紙型裁剪布片。

2

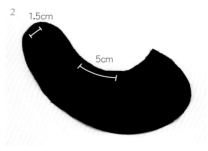

依照紙型將布片正面相對縫合，如圖中指示
處預留 5cm 返口，與 1.5cm 的小空隙（之後
將與緞帶縫合）。

3

從返口處置入 30cm 緞帶，將緞帶的一端從
1.5cm 處穿出。

4

將緞帶及預留的小縫隙縫合。

5

避開返口處，沿著周圍剪牙口。

6

從返口將領子翻到正面，並以藏針縫將其縫
合。

7

完成的樣子。

8

照著上述步驟將另一邊完成。

9

再將兩片領子重疊，接合。

10

作品即完成。

野花杯墊

✓ 作品頁數・P.16　　✂ 原寸圖案・A面、B面

準備材料
線材／DMC 繡線 # 25
　　　937、726、B5200、3053、605、3609、3854
布材／淺色棉麻布

How to make

1

完成刺繡後，依照紙型裁剪棉麻布與底布。

2

將布片正面相對縫合。

3

預留 5cm 返口。

修剪四處邊角，翻過來時，會更加自然漂亮。

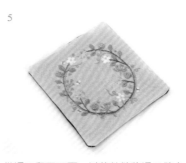

5

從返口翻回正面，以藏針縫將返口縫合，即完成。

心花怒放的貓狗

☑ 作品頁數・P.36　　✂ 原寸圖案・A面

準備材料

線材／DMC 繡線 # 25
貓咪（3713、310、976、B5200、
　　 349、3822、760、3855、3341）
小狗（3855、310、B5200、
　　 931、3753、3713）
布材／淺色棉麻布、硬質不織布
其它／膠水、金屬別針

森林裡的睡衣派對

☑ 作品頁數・P.38　　✂ 原寸圖案・A面

準備材料

線材／DMC 繡線 # 25（676、963、
420、310、B5200、3841、3836、
3833、605）
布材／棉麻布料、硬質不織布
其它／膠水、金屬別針

小鳥胸針

☑ 作品頁數・P.40　　✂ 原寸圖案・A面

準備材料

線材／DMC 繡線 # 25（3078、743、
963、B5200、928、926）
布材／淺色棉麻布、硬質不織布
其它／膠水、金屬別針、珍珠

■ P.36 心花怒放的貓狗、P.38 森林裡的睡衣派對、P.40 小鳥胸針作法共用，
　讀者可參考基本胸針作法，製作自己想要的尺寸。

How to make

1

完成刺繡後，依個人需求，將布裁至適合的
大小。

2

預留 8mm 的摺份裁剪，沿著圖案邊緣剪牙口。

3

備好膠水，準備黏合。

4

將牙口向內摺後黏起。

5

將不織布剪成與圖案相同大小，黏上金屬別
針，靜待幾分鐘後，將圖案及不織布黏合。

6

完成胸針。

貓咪口金包

作品頁數・P.42　　原寸圖案・A面

準備材料

線材／DMC 繡線 # 25
　　　莓果（347、902、307、3078、725、B5200、310、818、223）
　　　鬱金香（3078、310、B5200、211、894、341、818、347、3608、3326）
　　　小花（3713、957、310、704、307、972、B5200）
布材／紅色、天藍色、淺綠色棉麻布、花色自訂的裡布
其它／口金框（11cm×5cm）、單膠舖棉

How to make

1

完成刺繡後，依照紙型裁剪布片，表布、裡布、單膠舖棉各 2 片（舖棉不含縫份）。

2

將表布及舖棉燙合。

3

表布正面相對縫合。

4

將裡布縫合，下緣中間處留 5cm 返口。

5
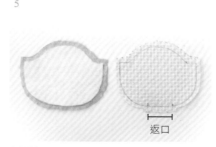

返口

如圖縫合。

6

將縫合完成的表布及裡布皆修剪牙口。裡布返口處請避開。

72

7

將表布翻到正面（裡布尚未翻）。

8

將表布套入裡布中。

9

調整兩片布，並將開口處縫合。

10

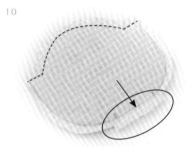

從裡布預留的返口將正面翻出。

11

翻至正面的樣子。

12

將裡布的返口縫合。

13-1

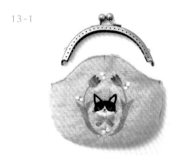

將口金與上緣接合，從中間開始縫合。如圖左右各留 0.7cm 的小縫隙，讓口金包更加容易開合。

13-2

中間線

0.7cm

0.7cm

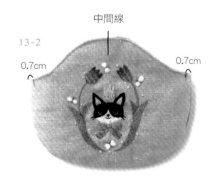

請參考示意圖。

14

作品即完成。

海洋生物帆布袋

作品頁數・P.44　　原寸圖案・A面、B面

準備材料
線材／DMC 繡線 # 25（310、ECRU ）
布材／淺色或黑色棉麻布料
其它／布襯

How to make

1

完成刺繡後，將布片、布襯依照紙型裁剪。
布片裁剪尺寸：50cm×34cm。布襯不含縫份。

2

將表布及布襯燙合，並將兩邊縫合。裡布不
含布襯，依照圖示縫合。

3

將表布翻至正面。

4

裁剪兩片提把布，尺寸：8cm×46cm。

5

將提把布對摺，縫份留 1cm 縫合。

6

將提把布翻至正面後燙平，讓布更加平整。

7

將表布上側預留的 1.5cm 向內摺。

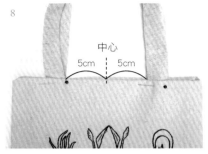

8

中心
5cm　5cm

如圖距離中心 5cm 處放入提把布,並以大頭針固定。

9

3cm

置入公分數約為 3cm。

10

將提把布與表布縫合固定。

11

兩邊提把固定後的樣子。

12

將裡布開口向外摺 1.5cm,置入表布內。

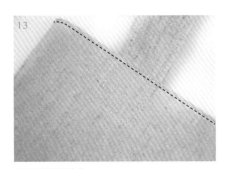

13

表布與裡布縫合。

14

縫合後的樣子。

15

完成。

生態瓶

☑ 作品頁數 · P.14　　✂ 原寸圖案 · B 面

■ 生態瓶（小）

線材／DMC 繡線 # 25
（310、834、 B5200、987、300、
895、3078、725、368、987、168）
布材／淺色棉麻布
其它／裱框尺寸 (19.5cm×22cm)、 木框厚度 0.7cm

■ 生態瓶與工具組（大）

線材／DMC 繡線 # 25
（989、168、300、834、3078、972、989、
3346、B5200、895）
布材／淺色棉麻布
其它／裱框尺寸（25cm×23.5cm）、木框厚度 0.7cm

How to make

框物作品建議請畫廊代裱，讀者們可依個人喜好調整尺寸，亦可運用圖案作成其它物品。

花卉桌巾

☑ 作品頁數 · P.18　　✂ 原寸圖案 · B 面

線材／DMC 繡線 # 25（ B5200、932)
布材／淺藍色棉麻布（55cm×55cm）

How to make

在布片上完成刺繡後，將布邊向內摺 1 cm 縫合，防止布邊散開。

蕨類植物・帽子改造

☑ 作品頁數・P.22　　✂ 原寸圖案・A面

準備材料
線材／DMC 繡線 # 25
（833、472、470、471）
其它／複寫紙、描圖紙

How to make

帽子進行改造時，請盡量選擇無內裡的款式，若有內裡，建議
先將內裡剪除，才不會在刺繡時，導致內裡與帽子錯位。先以
複印紙複寫後，直接在帽子上繡上圖案。

蕨類植物・襯衫改造

☑ 作品頁數・P.24　　✂ 原寸圖案・A面

準備材料
線材／DMC 繡線 # 25
（471、833、472、907、470）
其它／複寫紙、描圖紙

How to make

服飾進行改造時，請盡量選擇無彈性的衣物，才不會在刺繡時
拉扯損傷衣物。先以複印紙複寫後，直接在衣物上繡上圖案。

春神的花圈

✓ 作品頁數・P.26　✗ 原寸圖案・B面

準備材料

線材／DMC 繡線 # 25
　　（989、744、3865、554、598、350、3860、ECRU）
布材／黑色棉麻布
其它／裱框尺寸（24.5cmx31.5cm）

How to make

框物作品建議請畫廊代裱，讀者們可依個人喜好調整尺寸，亦
可運用圖案作成其它物品。

傲嬌的小狗

✓ 作品頁數・P.30　✗ 原寸圖案・B面

準備材料

線材／DMC 繡線 # 25
　　（349、963、3806、445、972、B5200、347、3806）
布材／淺粉色棉麻布
其它／裱框尺寸（22.5cmx22.5cm）、木框厚度 0.7cm

How to make

框物作品建議請畫廊代裱，讀者們可依個人喜好調整尺寸，亦
可運用圖案作成其它物品。

小狗查理與向日葵

✓ 作品頁數・P.32　✗ 原寸圖案・A面

準備材料

線材／DMC 繡線 # 25
　　（444、976、B5200、310、350、988、353、3854、167、704、510）
布材／淺色棉麻布、硬質不織布（裱繡框用）
其它／繡框（13.5cm）、膠水（裱繡框用）

How to make

在布片上完成刺繡後，請依照 P.58 教學完成繡框。

雪地裡的企鵝

☑ 作品頁數・P.46　　✂ 原寸圖案・A面

準備材料
線材／DMC 繡線 # 25（350、310、444、B5200）
布材／淺藍色棉麻布
其它／裱框尺寸（10cmx10.5cm）（13.5cmx13.5cm）

How to make

框物作品建議請畫廊代裱，讀者們可依個人喜好調整尺寸，亦
可運用圖案作成其它物品。

冬眠的小熊

☑ 作品頁數・P.48　　✂ 原寸圖案・A面

準備材料
線材／DMC 繡線 # 25
　　　（727、433、738、3854、838、335、350、ECRU、 B5200）
布材／淺色棉麻布
其它／裱框尺寸（20.5cm）、木框厚度 0.7cm

How to make

框物作品建議請畫廊代裱，讀者們可依個人喜好調整尺寸，亦
可運用圖案作成其它物品。

捧著花束的動物們

☑ 作品頁數・P.48　　✂ 原寸圖案・A面

準備材料
線材／DMC 繡線 # 25
　　　兔子（963、B5200、524、350、3822、310、157）
　　　貓咪（963、310、3822、524、B5200、157、976）
　　　小狗（157、3822、963、310、524、350、B5200、976）
布材／淺色棉麻布
其它／裱框尺寸（24.5cmx17cm）

How to make

框物作品建議請畫廊代裱，讀者們可依個人喜好調整尺寸，亦
可運用圖案作成其它物品。

後記

拿起繡針，
展開一段特別的手作之旅。

這本書我前前後後籌備了將近兩年，這段時間經常有人問我為什麼不再發表作品，我總是笑著回答，因為我正努力實現夢想中的事情。

手作佔據了我生活的大部分時間，但我從未想過有一天我也能出版書籍。

我常常翻閱日本、韓國等刺繡老師的作品，對於他們的創作感到讚嘆。

我驚嘆於簡單的技法能夠變化出如此細緻的物品。

我收集來的刺繡書籍成了閱讀的伴侶，陪我度過了無數個下午。

而出版書籍的念頭也在我的心中悄然滋生。

有天下午，雅書堂的編輯璟安聯繫了我，她認為如果將作品出版成冊，一定會很棒。當時我有些猶豫，但當我回到家看到滿櫃的刺繡書時，我心中的小小夢想開始萌芽。

為了作好準備，我暫時離開了社群媒體，讓自己的心情平靜下來，一件件地將從日常生活中獲取的靈感化為作品並記錄下來。

整個過程比我想像中更具挑戰，但我很高興自己成功作到了。

在這過程中，我要特別感謝我的媽媽林麗玉女士，她無條件地給予我幫助和建議。我在眾多刺繡老師的書籍中不斷學習和成長，而且感到非常榮幸能夠透過這本書向更多人分享我的作品和刺繡知識。 感謝雅書堂出版團隊及社長詹老板，這本書能完成，要謝謝參與製作的每一個人。

我真心希望，擁有這本書的你，也能像我最初那樣，在某個午後，充滿好奇地翻開這本書，拿起繡針，展開一段特別的手作之旅。

攝影／輪廓

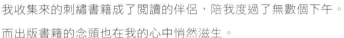

國家圖書館出版品預行編目資料

艾荷瑪,愛刺繡：森林、花草、小動物相伴的可愛生活/艾荷瑪著. -- 初版. -- 新北市：雅書堂文化事業有限公司, 2023.10
　　面；　公分. -- (愛刺繡；30)
ISBN 978-986-302-688-4(平裝)

1.CST: 刺繡 2.CST: 手工藝

426.2　　　　　　　　　　112015103

◥ 愛│刺│繡│30

艾荷瑪，愛刺繡：
森林、花草、小動物相伴的可愛生活

作　　　　　者／艾荷瑪

發　　行　　人／詹慶和

執　行　編　輯／黃璟安

編　　　　　輯／劉蕙寧・陳姿伶・詹凱雲

執　行　美　編／陳麗娜

情境、作法攝影／艾荷瑪

情 境 人 物 攝 影／鍾夢庭、邱巖棧

美　術　編　輯／韓欣恬・周盈汝

紙　型　描　畫／造極彩色印刷

出　　版　　者／雅書堂文化事業有限公司

發　　行　　者／雅書堂文化事業有限公司

郵 政 劃 撥 帳 號／18225950

戶　　　　　名／雅書堂文化事業有限公司

地　　　　　址／220新北市板橋區板新路206號3樓

電　　　　　話／(02)8952-4078　傳真／(02)8952-4084

網　　　　　址／www.elegantbooks.com.tw

電　子　信　箱／elegant.books@msa.hinet.net

2023年10月初版一刷 定價 480 元

經銷／易可數位行銷股份有限公司

地址／新北市新店區寶橋路235巷6弄3號5樓

電話／(02)8911-0825　　傳真／(02)8911-0801